COMICE AGRICOLE
DE BEAUJEU.

RECHERCHES

SUR LA

CAUSE PREMIÈRE DE LA MALADIE

DE LA

VIGNE,

Par Etienne CHINARD.

DOCTEUR EN MÉDECINE, CHEVALIER DE LA LÉGION D'HONNEUR, ANCIEN
PREMIER ADJOINT DE LA MAIRIE DE LYON, MEMBRE DU
COMICE AGRICOLE DE BEAUJEU, ETC.,

Propriétaire viticole.

Cur? quibus auxiliis? quando?

VILLEFRANCHE,

IMPRIMERIE ET LITHOGRAPHIE DE LÉON PINET.

1852.

CETTE PUBLICATION

EST-ELLE

PRÉMATURÉE?

Dès l'apparition de la maladie de la vigne, dans l'arrondissement de Villefranche (Rhône), je me suis livré avec ardeur à son étude ; j'ai soigneusement observé, expérimenté, enregistré les faits, cherché à les expliquer en m'aidant des différentes branches des connaissances humaines. De ce travail est né le système que j'ai oralement développé au comice agricole de Beaujeu, le 3 octobre 1852. Il a, je le sais, besoin d'être encore étayé par d'autres expériences positives et concluantes ; si je l'ai exposé, avant de les avoir faites, c'est que je voulais appeler sur lui l'attention de ceux de mes honorables collègues qui étudient cette importante question, et surtout détourner quelques bons esprits de la fausse voie où on les a engagés, en leur signalant les champignons comme la seule, la vraie cause du mal. Je me proposais ensuite et spécialement de faire, au printemps prochain, de nouvelles tentatives pour soulever encore quelques plis du voile qui cache la mystérieuse cause du fléau. J'espérais que l'analyse chimique de la sève d'un cep malade, comparée avec celle d'un cep sain, pourrait donner une imposante autorité à mon système ; mais, le comice agricole m'ayant, sur la proposition de M. le conseiller JANSON, invité à développer par écrit l'opinion que je

venais d'émettre , je me suis empressé de le faire. Lecture
de mon mémoire a été demandée et faite à la séance du 7 no-
vembre et son impression votée, j'ai dû souscrire à l'entière
publicité de cette œuvre encore imcomplète , par les considérations suivantes. Les analyses chimiques de la sève ne peuvent se faire qu'à la fin d'avril 1853, et si elles sont favorables à mon opinion , ce ne sera qu'au printemps de 1854 qu'il
sera possible d'en vérifier l'exactitude. Pouvais-je , en présence de si graves intérêts en souffrance, attendre d'être armé
de toutes pièces pour entrer en lice? De vaines considérations
d'amour-propre devaient elles me faire retarder l'émission
d'idées peut-être fécondes en résultats? je ne l'ai pas pensé.

COMICE AGRICOLE DE BEAUJEU.

SÉANCE DU **3** OCTOBRE **1852**.

Découvrir la cause première du fléau qui sévit sur les vignes, est un problème de physique bien difficile à résoudre ; et cependant, de sa solution dépend la prompte découverte d'un moyen efficace pour le combattre. Sur ce sujet important, trois opinions se sont manifestées et restent en présence. La première soutient que les champignons sont la cause efficiente de la maladie ; la seconde l'attribue à des insectes du genre *acarus* ; la troisième à une modification dans les principes constitutifs de la sève. Je vais examiner successivement ces divers systèmes.

Tout esprit dégagé d'opinions préconçues, qui étudie cette maladie sur la nature même, qui en suit les phases et cherche surtout l'explication des nombreuses anomalies qu'elle présente, ne peut admettre que les champignons soient la cause première du mal. En effet, ces parasites ne naissent que sur les substances animales ou végétales en voie de décomposition ; pourquoi, dans cette circonstance, paraîtraient-ils préférablement sur les plants les plus jeunes, les plus sains, les plus vigoureux ? Comment expliquer leur prédilection pour les cépages à raisins blancs, et pour les vignes en treilles et en espaliers, en tous lieux, les premières atteintes. On donne pour raison que les sporules (semences) étant très-légères, les agitations de l'air les maintiennent à une certaine hauteur. Cette explication ne mérite pas une réfutation sérieuse ; l'expérience en a d'ailleurs fait justice, car, cette année, les vignes à courtes tiges et placées dans des endroits bas, ont plus que les autres souffert de la maladie. Les mycographes, ceux du moins qui font autorité dans cette science, disent que les sporules ne contiennent point d'humeur visqueuse; comment alors, sans le secours de celle-ci, concevoir que ces graines, soumises comme tous les autres corps aux lois de la gravitation, se maintiennent assez longtemps contre la partie inférieure, lisse, sphéroïde des baies de raisin pour y prendre racine? Comment expliquer qu'elles se placent constamment sur la face supérieure des feuilles, fortement inclinée, recouverte d'un épiderme siliceux, très-poli, tandis qu'on ne les rencontre pas sur son verso rugueux, garni de duvet sur toute son étendue?

Le système des champignons, comme cause première, rend impossible l'explication d'une foule d'autres phénomènes: ainsi, on demanderait en vain à ses fauteurs pourquoi on trouve sur la même tige des raisins sains et des raisins malades? Comment il se fait que, sur les espaliers, la partie des sarments exposée au soleil est atteinte de la maladie, tandis que le plus ordinairement, le côté opposé en offre à peine quelques traces; et cependant, l'expérience prouve que les champignons prospèrent mieux à l'ombre. SENNÉBIER, physicien d'un grand mérite, dit que la lumière est nuisible à la germination. Cette opinion a été confirmée par les épreuves que INGEN-HOUSZ a faites à l'ombre et au soleil. La pratique des jardiniers qui trouvent de l'avantage à garantir leurs semis de l'action directe des rayons du soleil, lui donne la sanction de l'expérience, et, dans l'espèce, on voit que c'est dans des carrières obscures que les maraîchers de Paris cultivent les champignons; enfin, il est impossible aux Tuckéristes (1) d'expliquer pourquoi dans un vaste pé-

(1) En 1845, un M. TUCKER, jardinier de Magate, près de Cantorbéry, remarqua tout-à-coup que les jeunes tiges, les feuilles et les grappes de ses treilles forcées se couvraient d'une poussière blanchâtre, d'un aspect cotonneux. Il consulta un botaniste voisin, qui reconnut sur-le-champ un *Oïdium* qu'il nomma *Oïdium Tuckéri*.

(Historique, par M. Louis Leclerc).

rimètre de vigne on a vu, l'année dernière, un carré seul, bien limité, dévasté par la maladie, et ce carré être cette année dans un état florissant, abondamment garni de fruits sains, tandis que dans les vignes qui le limitent, les désastres étaient si grands qu'ils ont interdit la vendange.

A ces diverses raisons, qui prouvent avec la dernière évidence que les champignons ne sont pas la cause déterminante de la maladie, on peut en adjoindre une, qui n'admet pas de réplique, la voici : les semences de l'oïdium ne sont pas de création moderne, de tous temps les vents les ont transportées dans l'atmosphère ; comment se fait-il donc que, depuis quelques années seulement, elles germent sur les vignobles d'une partie de l'Europe?

Je passe maintenant à l'opinion de ceux qui attribuent la maladie à des insectes.

En juillet 1851, M. Robineau annonça à l'Académie des sciences qu'il avait découvert la vraie cause du mal, il dénonça, comme en étant les véritables auteurs, des *acarus,* armés chacun d'un suçoir, dont ils se servent pour attaquer l'écorce et pour extraire les sucs destinés à la nourriture de la plante et à son accroissement : il en donna la description anatomique. J'ai, cette année, suivi avec beaucoup de soins ces mites de couleur jaunâtre, qui siégent le long des nervures et aux insertions des pétioles, j'ai reconnu : 1° qu'on en trouve quelques-unes sur les vignes saines; 2° qu'il est rare d'en rencontrer sur les raisins et sur les sarments malades; 3° qu'il est impossible d'en compter plus de cinquante sur les plus forts ceps, entièrement en proie à la maladie : il en faudrait cependant des myriades pour opérer tous les désastres qu'on leur attribue. D'où je conclus, que si ces insectes n'avaient pas été jusqu'à ce jour signalés sur la vigne, c'est qu'on ne les y avait pas cherchés. En outre, qu'ils pourraient bien y être appelés par la maladie; car on sait que les substances végétales ou animales en voie de décomposition en attirent un grand nombre.

J'aborde maintenant l'opinion de ceux qui pensent que la maladie dépend d'une modification dans la composition de la sève. Comme cette opinion me paraît la seule vraie, je vais, pour faire apprécier toutes les raisons qui militent en sa faveur, donner un aperçu physiologique de la nutrition de la vigne. Absorbée par les spongioles des radicelles, la sève monte par les parties les plus concentriques du bois, jusqu'au sommet de toutes les branches. Parvenu à ce point, elle se débarrasse, par la face supérieure des feuilles, d'une grande partie de son principe aqueux. Les naturalistes appellent transpiration cette élimination de l'eau ; c'est, comme le dit M. Boussingaust, une évaporation.

Hales l'a comparée à la transpiration des animaux ; ce naturaliste a calculé la quantité de vapeur que les plantes exhalaient. Bonnet, dans son beau travail sur l'usage des feuilles, a complètement traité et démontré cette partie de la physiologie végétale. Suivons maintenant la sève dans sa marche descendante par les couches superficielles de la plante. Pendant ce trajet, l'exhalation continue par les pores disséminés sur l'enveloppe des sarments ; ces pores sont garnis d'un bourrelet qui se contracte par le froid et se dilate par la chaleur. Une transpiration a aussi lieu autour des pétioles, des pédoncules et de l'enveloppe des fruits. La sève parvenue aux racines les nourrit en les parcourant, puis une matière hétérogène est rejetée (1).

Pour l'intelligence complète de mon système, il est encore et surtout indispensable que je fasse connaître la composition de la sève de la vigne. Elle renferme, d'après Rejimbeau, du bitartrate de potasse, du tartrate de chaux, du mucilage, de l'acide carbonique. MM. Braconnot, Liébig et Will, ont signalé la présence de l'ammoniaque. La composition chimique du mucilage n'est bien connue que depuis les travaux du chimiste allemand Einhof qui, par d'habiles expériences,

---

(1) L'excrétion des racines observée d'abord par Brugman sur le *Viola arvensis*, a été confirmée par les études récentes de M. Macaire.

a trouvé qu'elle se composait de deux substances bien distinctes, l'une, à laquelle il a donné le nom de gélatine végétale ou gluten, et l'autre, appelée albumine végétale (1). Le suc du raisin, quels que soient le sol et la latitude où le fruit a été cueilli, renferme ces deux principes, indispensables pour la fermentation du moût; d'ailleurs, le vrai ferment présente l'analogie la plus complète avec l'albumine et la gélatine végétales. Ces explications données, je dis que, si par l'effet des circonstances météorologiques, la proportion de la gélatine végétale et de l'albumine est en plus dans la sève, il arrivera que l'excédant de ces substances, rejeté par l'acte de transpiration de la plante, séjournera sur toutes les parties vertes et se couvrira rapidement de moisissure si la température est humide et chaude ; mais si elle est sèche, on verra, en observant avec une forte loupe, des gouttelettes qui suintent, présenter en séchant des points bruns, jaunâtres, translucides qui, dans certaines parties, formeront des tachès en s'agglomérant (2).

(1) Il existe dans plusieurs substances végétales des matières ayant une grande analogie, pour leur composition et leur propriété, avec la fibrine et l'albumine que fournissent le corps des animaux. On les désigne, pour cette cause, sous le nom de végéto-animales. Beccaria est le premier chimiste qui parvint à isoler du froment une matière azotée qu'il nomma *gluten*. — Rouelle étudia le dépôt qne formait par l'ébullition le suc de plusieurs végétaux, et il vit qu'il présentait la plus grande analogie avec l'albumine animale. — Proust agrandit ces recherches et il donna le nom de *Glutine* à ce produit qui a tant d'analogie avec l'albumine des blancs d'œufs que Fourcroy était d'avis de les regarder comme identiques. Mais le travail le plus complet sur ces matières est dû au chimiste allemand Einhof.

(2) Lorsque l'on donne à quelques plantes des sels superflus, ils s'accumulent à la surface des feuilles. Telle est l'origine de la maladie blanche qui attaque les curcubitacées. Pour les plantes de courge, elle commence par des gouttes visqueuses qui paraissent à la surface *supérieure* des feuilles. Ces gouttes se sèchent et forment des tâches blanches qui s'étendent successivement jusqu'à la circonférence des feuilles.

T. de Saussure. *Recherches chimiques sur la végétation, page 264.*

Quelle est la matière qui forme ces taches? J'ai pu en en-
lever, sur des raisins blancs, de petites parties en forme
d'écailles. Solubles dans l'alcool bouillant, elles ne l'étaient
pas dans l'eau. En faisant évaporer la liqueur, on trouvait,
avant la complète dessiccation, une substance gluante, et
après, il restait une espèce de vernis transparent. Certes, ce
sont bien là les caractères de la gélatine végétale; ces expériences, on en conviendra, devaient puissamment contribuer
à former l'opinion que j'émets sur la véritable cause de la
maladie; elles expliquent, en outre, d'une manière naturelle
et vraie, l'origine des champignons, funestes parasites qui
aggravent le mal, car les moisissures sont de grands consom-
mateurs; elles sont aux végétaux, ce que les insectes sont aux
matières animales; elles n'abandonnent leur proie, ou plutôt,
ne cessent de végéter, que lorsqu'elles ne trouvent plus rien
à s'approprier (1). Il est donc avantageux de combattre ce
symptôme dès son apparition; malheureusement, les moyens
jusqu'à ce jour préconisés pour atteindre ce but sont, non-
seulement d'une efficacité douteuse, mais encore inapplica-
bles à la grande culture. Au reste, il ne peut y avoir de
remède spécifique que celui qui agit sur la cause première.

Si on a obtenu quelques avantages de certains sels étendus
dans une grande quantité d'eau, c'est que le liquide, projeté
avec force, lavait la couche gélatino-albumineuse répandue
sur l'épiderme de la plante, et en enlevait ainsi une partie (2). J'en ai acquis la preuve en faisant des expériences
pour m'assurer si la maladie était contagieuse; j'ai reconnu

(1). M. Léveillé. *Revue horticole*, *N° du 15 juin* 1851.
(2) La dissolution du gluten étendue sur toutes les parties vertes et la
périphérie des fruits, oblitère en séchant un grand nombre des vaisseaux
aériens, par lesquels la plante puise dans l'atmosphère, comme l'a si
bien démontré Malpighi, les gaz aussi nécessaires à sa vie, que les ali-
ments fournis par ses racines. Lorsque l'orifice des trachées est obstrué
l'asphyxie a lieu, elle est pour le fruit, générale ou partielle, c'est-à-dire
que dans le premier cas, le raisin tout entier se flétrit, sèche, tombe et
dans le second, quelques baies seulement éprouvent le même sort.

qu'elle l'était seulement sur les ceps prédisposés : car, on
ne pouvait communiquer le mal, si, avant de mettre en contact un raisin paraissant sain avec un malade, le premier était
soigneusement lavé avec de l'eau chaude aiguisée avec un
peu d'acide acétique ; expérience bien favorable à ma théo-
rie, dont la vérité va me servir de flambeau pour éclairer
toutes les causes obscures des singulières anomalies que présente la maladie, causes qui sont d'impénétrables mystères
pour les disciples de TUCKER.

L'observateur intelligent, qui compare avec soin la marche
de la végétation sur les cépages noirs et sur les blancs, aperçoit dans ces derniers : 1° une précocité dans le développement
des bourgeons ; 2° la maturité tardive du bois ; 3° l'existence
plus prolongée des feuilles. Eh ! bien, ces caractères indiquent
évidemment un principe de vie plus énergique : or, comme
l'acte de dépuration est en proportion directe avec la force
vitale, il en résulte évidemment que la matière exsudée est
plus abondante sur les blancs ; donc, la maladie a dû les
frapper les premiers.

Les jeunes plants, et parmi eux les plus vigoureux, sont
plus particulièrement atteints par le fléau, parce que la sève
y circulant avec plus d'activité, il y a, dans un temps donné,
plus d'exsudation, conséquemment, plus de matière exposée
à la moisissure.

Dans tous les pays envahis par la maladie, on l'a vue dé-
buter par les espaliers et par les treilles, parce qu'en s'éle-
vant, la sève augmente de densité. KNIGT a reconnu, par
de nombreuses expériences, que cette densité croissait dans
les proportions suivantes : de la surface du sol à deux mètres
de hauteur, 100,4 ; de deux mètres à quatre, 100,8 (1) ;
nécessairement alors la transpiration est plus visqueuse ; donc,
dans des conditions plus favorables pour les cryptogames.

Sur les espaliers, la face antérieure des sarments est plus
particulièrement affectée, parce que les orifices des pores de

(2) DECANDOLLE. *Physiologie*, t. 2, *page* 304.

l'épiderme, plus dilatés par la chaleur, laissent échapper plus de transpiration.

Les sporules se fixent préférablement sur la face supérieure des feuilles, quoique lisse et déclive, parce que c'est sur elles que l'exsudation a particulièrement lieu ; de même, ils peuvent adhérer assez longtemps, pour y germer, sur la sphère polie que forment les graines du raisin, puisque l'exhalation d'une matière gélatino-albumineuse présente une certaine viscosité.

Si l'on trouve sur le même pied de cep, une tige saine au milieu d'autres malades, c'est que, sur la première, des nœuds, plus gros et plus compactes, ont présenté un obstacle au libre cours du fluide nourricier. Ceci s'observe souvent, de la manière la plus tranchée, lorsqu'en suivant le procédé du docteur Boucherie, on trempe le pied d'un arbre récemment coupé dans un récipient contenant une préparation tinctoriale ; celle-ci pénètre dans le tronc et les branches, à l'exception de celles où elle trouve quelque obstacle à sa circulation.

J'ai dit que des espaces circonscrits de vignes dévastées par la maladie l'année dernière, étaient celle-ci dans l'état le plus satisfaisant, tandis que les surfaces voisines, d'abord épargnées par le fléau, en avaient été la proie cette année.

Comment les Tuckéristes, qui admettent que l'atmosphère renferme des quantités innombrables de sporules (1), peu-

(1) L'habile chimiste M. Faure, de Bordeaux, auquel nous devons la précieuse analyse des vins de la Gironde, m'écrivait au mois d'août dernier, que la maladie envahissait une grande partie du département qu'il habite ; qu'on avait vainement employé, pour la combattre, tous les moyens indiqués par les journaux ; que le seul auquel on eût reconnu de l'efficacité, était la taille complète du cep, aussitôt qu'on apercevait les symptômes de la maladie, puis l'incinération immédiate de toutes les parties enlevées.

Si l'atmosphère contient des quantités innombrables de sporules de champignons, comme le disent ceux qui pensent que ces parasites sont la cause du mal, la résection des ceps, ne serait pas même un moyen

vent-ils expliquer qu'elles se distribuent d'une manière si bizarre? Avec ma doctrine, cela est facile ; on conçoit que des influences météréologiques n'ont pas dû exercer une action uniforme sur tous les sols, les uns disposés à être, par la nature des éléments qui les composent, plus promptement modifiés, ont, les premiers, agi sur les plantes qu'ils nourrissent ; les autres, dans des conditions inverses, n'ont manifesté que plus tard les nouvelles combinaisons chimiques subies par quelques-unes de leurs parties intégrantes. Les mêmes raisons font comprendre la différence dans l'intensité et la durée du fléau ; là, où abondent les corps plus sensibles aux affinités de décomposition, il sévit avec force, et on ne peut prévoir sa durée, certainement passagère dans les lieux où ces mêmes corps ne sont qu'en faible proportion (1).

Les vignes dévastées par la maladie répandent au loin une odeur fétide ; les seuls détritus de champignons venus sur des ceps parfaitement sains, suffiraient-ils pour produire cet effet? Je ne le pense pas ; il faut qu'à cette cause s'en joigne une autre plus énergique. Avec mon opinion sur l'origine du mal, on conçoit que les dépurations composées d'une matière fermentive, se putréfient avec d'autant plus de promptitude, qu'elles sont fortement azotées, et qu'alors elles exhalent des gaz d'une odeur particulièrement repoussante. Cette décomposition doit même hâter celle des cryptogames, par la propriété qu'ont les produits de la putréfaction de déterminer une réaction semblable à celle qui en a occasionné la forma-

palliatif, mais dans le cas où, suivant mon opinion, la transudation de la sève viciée mettrait seule la plante dans les conditions nécessaires et favorables au développement de l'*Oïdium*, oh! alors on conçoit qu'empêcher la multiplication de ses semences, c'est modérer les progrès du mal. Si ce moyen donne quelques bons résultats, il est un argument en faveur de mon système.

(1) Les vignes cultivées dans les terres argileuses jaunes, sont plus particulièrement atteintes par la maladie ; elle y prend souvent un haut degré d'intensité, cela ne tiendrait-il pas à l'oxide de fer qui les colore? Ce corps, on le sait, est un excellent conducteur de l'électricité.

tion. Le bois pourri amène peu à peu au même état le bois vert avec lequel il est mis en contact.

Cette année (1852) on a souvent vu, après la mi-août, des ceps qui jusqu'alors n'avaient laissé apercevoir aucun symptôme de la maladie, les présenter tout-à-coup sur les nouvelles pousses et sur les raisins retardataires, nombreux à cause de la gelée du printemps, et cependant, les fruits, approchant de la maturité, n'offraient aucune trace de mucidinée. Les Tuckéristes ne pourraient expliquer cette différence; voyons si je serai plus heureux : la partie du sarment portant le raisin sain était presque mûre, alors peu de transudation; donc, absence presque complète de la snbstance qui alimente les cryptogames. Le fruit, contenant des principes sucrés, n'était pas dans les conditions favorables à la moisissure, d'autant plus prompte que la matière gélatine-albumineuse présente une réaction acide (1).

Il y avait donc une grande différence physiologique et chimique, entre les anciennes pousses et les nouvelles, entre les premiers fruits et les retardataires.

Le fléau apparaît préférablement sur les terres argileuses; il y sévit avec plus de force et de persévérance, sans doute, parce qu'elles fournissent plus de gélatine végétale aux plantes. M. Hermbstaëdt l'a parfaitement démontré.

Il est une variété de la maladie, non encore, je crois, signalée , peut-être parce qu'elle renverse tout le système des Tuckéristes; voici ses caractères : jusqu'à la fin de juillet, tout est dans l'état normal; on n'a point vu de mucidinée; mais, tout-à-coup on aperçoit sur chaque graine une tache brune placée sous la pellicule; si on enlève celle-ci encore saine, on reconnaît qu'une partie du parenchyme a subi une décomposition parfaitement sem-

(2) L'acide tartrique, dit Berzelius , se décompose rapidement.
Suivant M. Braconnot, il en est de même de l'acide malique , dont M. Vergnette-Lamothe, savant viticulteur de la Côte-d'Or, a signalé la présence dans les pleurs de la vigne.

blable à celle que présentent les pommes de terre malades. Peu-à-peu la pellicule s'érode, s'ouvre, les pépins sont mis à nu, la graine tombe et le rafle seul reste attaché au cep.

Mon attention a été appelée sur cette variété de la maladie par des vignerons de Cercié (1), frappés de la dissemblance qu'elle offrait avec celle généralement répandue. M. Gallichon fils, m'a dit l'avoir observé aux environs de Mâcon.

Il y a deux manières d'expliquer cette nouvelle forme du mal. L'exhalation a pu être empêchée par la trop grande consistance donnée à la sève par une surabondance de la matière gélatine-albumineuse, ou par la contexture plus serrée de l'enveloppe des grains: dans l'un et l'autre cas, elle a séjourné dans le parenchyme du raisin et en s'y altérant a occasiouné les désordres que je viens de décrire.

Si, sous une influence météorologique certaines parties constituantes du sol ont éprouvé de nouvelles combinaisons chimiques, dont le résultat a été d'augmenter la proportion du mucilage dissous dans la sève de la vigne, évidemment le même effet a eu lieu pour le fluide nourricier d'un grand nombre d'autres végétaux, et ceux-ci devaient nécessairement présenter quelques-uns des symptômes de la maladie de la vigne, la moisissure surtout ; c'est en effet ce qui a eu lieu. Nous avons tous vu cette année, l'oïdium sur des plantes à circulation active, par conséquent à transpiration abondante, le saule, le peuplier, les pois, les courges, etc.

M. Guérin-Meneville, a, l'année dernière observé, dans le midi, plusieurs plantes, le sainfoin particulièrement, couvertes d'une matière blanchâtre que l'examen microscopique a fait reconnaître pour un oïdium, impossible à distinguer

____

(1) Bourg, à 8 kilomètres de Belleville-sur-Saône.

de celui du raisin. Le professeur BALSAMO-CRIVELLI , vice-président de l'académie des sciences de Milan , a trouvé l'oïdium sur plusieurs végétaux , tels que le *verbascum*, le *ranonculus acris*. L'oïdium n'est donc pas un parasite spécial à la vigne et son ennemi particulier , il paraît sur tous les végétaux dans un état maladif, résultant d'une modification dans les éléments dont la sève se compose ; alors ils éprouvent, la comparaison paraîtra étrange, et cependant elle est frappante de vérité, ils éprouvent, dis-je, une maladie de la peau (1); et ce qu'il y a de singulier, c'est que le premier remède employé et le seul qui jusqu'à ce jour ait eu quelque efficacité, est précisément le soufre , spécifique des maladies cutanées chez les animaux.

C'est en 1845 que la maladie des pommes de terre a fait invasion en Belgique et dans les départements du nord de la France ; ce tubercule renferme beaucoup de gélatine végétale ; c'est aussi en 1845 que l'oïdium s'est manifesté à Magate près Cantorbéry , en Angleterre, et bientôt en Belgique ; remarquez que la gélatine végétale étant indispensable à la fermentation du moût du raisin , celui-ci en contient une certaine quantité: ainsi, concordance dans l'apparition des deux fléaux sur deux plantes de nature opposée , mais offrant une similitude dans un de leurs éléments constitutifs essentiels , la gélatine végétale ; dégénérescence putride dans l'un et l'autre cas , et dans tous deux, apparition de champignons, à l'extérieur des raisins. à l'intérieur des pommes de terre.

Il est bien reconnu maintenant, d'après les recherches de M. DECAISNE, que l'on trouve sous l'épiderme des pommes de terre malades le *micelium numétoïde*.

______

(1) Le scalpel de l'analyste le prouve, fendez les sarments : la moëlle, les couches ligneuses et corticales sont saines ; l'épiderme seul est altéré et couvert de taches noires. Si , dans quelques cas, les sarments entiers sont morts , c'est que l'exsudation a été assez abondante pour produire l'asphyxie , en oblitérant les trachées.

Ces rapprochements sont tous en faveur de mon système.

Je me résume, les champignons sont la cause accessoire et non efficiente de la maladie; ils l'aggravent et ne la produisent pas.

Les insectes nommés *acarus* sont injustement accusés des désastres qui nous affligent; ils en profitent, mais ne les occasionnent pas.

Le fléau prend sa source dans le sol, dont certaines parties constituantes ont subi, par des influences météorologiques, des modifications chimiques, dont le résultat a été d'augmenter les proportions de la matière gélatino-albumineuse fournie à la sève; celle-ci, en circulant dans la plante, rejette cet excédant sur les parties vertes, et comme il est imprégné d'acide, il se moisit avec plus de rapidité; mais cette décomposition est plus ou moins active, suivant l'état hygrométrique et la température de l'atmosphère (1), d'où je conclus, que tout moyen employé pour combattre le principe du mal doit agir sur le sol et avoir pour but de lui imprimer de telles modifications, qu'il ne puisse plus fournir aux plantes un excédant de gélatine et d'albumine végétales; ou, en d'autres termes, de le ramener à son état normal. Plusieurs d'entre vous, Messieurs, s'intéressent peu à ces discussions scientifiques et disent, peut-être : que nous importe la cause du mal; qu'on nous indique le remède. Je leur répondrai par un apologue.

Un homme jouissant d'une excellente vue est frappé de cécité. Un débat s'engage en sa présence sur la nature du mal, les uns l'attribuent à une paralysie des nerfs op-

---

(1) Le pain est riche en matière gélatino-albumineuse : un morceau trempé dans de l'eau légèrement acidulée avec de l'acide tartrique, se couvre de moisissure, dans un laps de temps plus ou moins long, suivant le degré d'humidité et de chaleur du lieu ou il est placé, si on étudie avec le microscope les caractères de ces parasites, on leur trouve une parfaite analogie avec l'*oïdium Tuckeri*. Pourquoi s'en étonner ? ils ont la même origine, la même vitalité, puisque le gluten leur sert également de couche et hâte leur végétation, comme corps azoté.

tiques, les autres, à une double cataracte. Peu importe, s'écrie-t-il, dans son impatience, la cause qui me prive de la vue, employez tout de suite le remède qui doit me la rendre; toute discussion cesse aussitôt, suivant son désir. Un traitement contre la paralysie des organes visuels est commencé et continué plusieurs années sans succès : mais enfin, on reconnaît que deux cataractes interceptent les rayons lumineux, et une opération rend immédiatement la vue.

Ne nous exposons pas, Messieurs, à une semblable épreuve. Redoublons d'efforts pour découvrir le principe du fléau qui menace notre industrie. Accueillons toutes les opinions, soumettons-les à une discussion calme, consciencieuse, approfondie. Demandons le concours de tous les hommes de science, du choc des opinions jaillira une lumière qui nous éclairera sur la cause du mal; celle-ci connue, un remède efficace ne se fera pas attendre.

⸺⸺⸺⸺⸺

La lecture de ce mémoire achevée, un honorable membre, M. Abel Sauzey, avocat, a pris la parole pour me demander si l'opinion que je venais d'émettre, sur la cause première de la maladie, ne m'avait pas déjà suggéré, pour l'attaquer directement, l'emploi d'un spécifique.

J'ai répondu, cet objet est le sujet de mes recherches, je n'ai pas encore de détermination prise. Sans doute, au printemps prochain, je serai en mesure pour demander à l'expérience, ce souverain juge en agriculture, la sanction des moyens que j'aurai adoptés. En attendant, ai-je dit, mon système donne de précieux enseignements, il indique des préservatifs raisonnés et même des procédés sûrs, pour diminuer la violence de la maladie ; en outre, il sert de pierre de touche, pour apprécier l'efficacité des remèdes si souvent préconisés pour la guérir.

Invité à développer mes idées sur le traitement préservatif, j'ai dit : Il faut premièrement diminuer la quantité de la matière gélatino-albumineuse excrétée et sur laquelle naît l'oïdium, cette complication fâcheuse de la maladie, on y parvient, en modérant d'abord la circulation de la sève, c'est-à-dire en remédiant à l'état pléthorique du plus grand nombre des ceps; ensuite, en agissant d'une manière spéciale sur les fruits; pour cela on établira, au moment où ils seront formés, une dérivation dans le cours de cette même sève.

Pour remplir la première de ces indications, on retardera la façon qu'on donne habituellement aux vignes au commencement du mois d'avril. On sait qu'en travaillant la terre on facilite l'accès des gaz atmosphériques, principes de vie pour toutes les plantes. L'un d'eux, l'oxigène, agit, et par voie d'absorption et en activant la décomposition des matières organiques renfermées dans le sol; toutefois, pour obtenir de bons résultats de ce moyen hygiénique, il sera indispensable, la plus simple réflexion l'indique, de s'abstenir de l'emploi d'engrais azotés. Ils sont trop nutritifs, et surtout introduisent dans sa sève un principe de fermentation putride. L'expérience a démontré que la maladie sévissait avec plus de force dans les jardins annuellement fumés.

Dans le plus grand nombre de cas, ce régime seul serait impuissant pour empêcher le développement de la maladie; il faudra donc en seconder l'effet en ouvrant des issues à la sève exubérante et viciée. Rien de plus facile. En ne taillant qu'au moment où les bourgeons commencent à se développer, chaque sarment donnera des pleurs abondants; ces saignées locales diminueront la pléthore, conséquemment, la quantité de gluten exhalée; donc, les sporules de l'oïdium ne trouveront plus une couche favorable à leur germination.

Je passe à la seconde indication, ayant pour objet la dérivation du cours naturel de la sève, afin d'atténuer l'action de ses principes morbides sur les fruits naissants ; elle est très-facile à remplir, par la résection du sommet des sarments. Cette opération a pour effet immédiat la pousse de nouveaux bourgeons au pied des ceps ; ceux-ci attirent le fluide nourricier, qui, dès-lors, arrive moins abondamment aux fruits ; en outre, ils ouvrent un exutoire au principe morbide (1).

La cause du mal étant connue, nous ne tarderons pas, je l'ai déjà dit, à découvrir un remède souverain pour le guérir (2), attendu que dans nos recherches nous procéderons

(1) Au moment où on allait mettre sous presse, j'ai appris que M. le docteur Yves Serrand, propriétaire à Anse (Rhône), avait employé, avec un succès presque complet, les moyens prophylactiques que je conseille. Je me suis empressé de me mettre en rapport avec cet intelligent viticulteur ; voici ce qu'il m'a dit.

« L'année dernière, une vigne de quarante ares, cultivée dans une terre forte de première qualité, avait beaucoup souffert de la maladie. J'ai, cette année, essayé sur trente-huit ares, la taille tardive, c'est-à-dire faite au moment où les bourgeons commençaient à se développer. Ensuite, lorsque les raisins ont été formés, j'ai fait couper le sommet des pampres et ébourgeonner. Cette vigne a donné des raisins sains jusqu'au moment de la vendange, dont le produit a été de trente hectolitres. La maladie n'a manifesté sa présence que par une bien légère teinte blanchâtre répandue irrégulièrement sur quelques ceps. Les deux ares, complément des quarante, ont été cultivés d'après la méthode ordinaire : le fléau les a dévastés. »

Cette expérience est concluante en faveur de ma doctrine, puisque la bonté des préceptes qui en découlent naturellement, est sanctionnée par la pratique. Je sais qu'en agriculture les théories, même les plus rationnelles, ne suffisent pas ; qu'on exige des vérifications exactes, qu'on veut voir et toucher les résultats. Eh ! bien, dans l'espèce, toutes ces conditions sont en voie d'être remplies.

(2) Souvent, dans le canton de Beaujeu, on me demande, quel est dans mon opinion, le développement que prendra la maladie de la vigne, quelle sera sa durée et son intensité. Je réponds : ce fléau, comme ceux qui de temps à autre sévissent sur l'espèce humaine, ne sera que passager. Les lois immuables qui régissent la vie des êtres organisés, ne peu-

rationnellement. En attendant, nous avons au moins l'avantage d'appécier la vertu des moyens proposés, puisque nous pouvons nous rendre compte de leur manière d'agir. Ainsi, par exemple, les journaux annonçaient naguère qu'on a dissipé la maladie avec des aspersions de lessive. La chimie apprend que les solutions alcalines étendues dissolvent le gluten (gélatine végétale) en un liquide demi-transparent. Donc, les lotions de lessives sont un palliatif. Pouvoir expliquer ainsi le mode d'action d'un moyen recommandé, est incontestablement un progrès.

vent recevoir que des atteintes éphémères : toutefois, l'expérience acquise indique qu'il y a une distinction à faire : que là où le fléau trouvera réunies toutes les conditions favorables à son complet développement, comme, par exemple, dans les vignobles établis en plaine, dans des terres fortes, argileuses, dérobées à la culture des céréales et des plantes fourragères, il exercera certainement des ravages plus grands et plus durables que dans le haut Beaujolais, dont la majeure partie du sol est dans des conditions géologiques toutes différentes. Les intérêts de cette contrée n'auront donc pas à souffrir de son atteinte. Il envahira bien çà et là quelques parties de vigne, mais généralement le préjudice souffert sera grandement compensé par l'élévation du prix des vins, allégés de la concurrence que leur font ceux des bas crûs.

En s'occupant avec zèle de cette question, le comice agricole de Beaujeu a donc plus en vue l'intérêt général que celui de sa circonscription.

APPENDICE.

En livrant prématurément mes idées à la publicité, je crois
utile d'ajouter qu'on fait depuis quelques temps, un tel abus
de l'électricité, pour expliquer une foule de phénomènes dont
l'origine est mystérieuse, que j'ai crains, en posant en principe qu'elle seule était la cause première du mal, de jeter de
la défaveur sur mon système : j'ai en conséquence adopté
l'expression d'influences météorologiques, parce que, généra-
lisant davantage, elle paraît moins hasardée. Cependant,
dans cette question, on ne peut raisonnablement considérer
l'électricité comme seulement auxiliaire. L'observation at-
tentive des faits démontre qu'elle est, sinon l'agent unique,
du moins le principal. Il est évident, que tous les autres mé-
téores, agissant séparément ou collectivement, produiraient
un effet uniforme sur toutes les surfaces exposées à leur action, et alors il serait impossible d'expliquer les divers degrés
d'intensité et de durée de la maladie, sa marche irrégulière,
ses prédilections pour certaines parcelles de terre, n'offrant
à la vue, aucun caractère propre à les faire distinguer de
celles qui leur sont contigues. L'électro-chimie, cette nouvelle
branche des sciences physiques, peut seule donner les raisons
de toutes ces anomalies. Elle démontre l'influence qu'exerce

un courant électrique pour détruire des combinaisons chimiques, ou pour en opérer de nouvelles. Cette énergique puis-
sance en action sur les sols, doit inévitablement produire des
effets différents, suivant la nature des corps qui les composent ; là, où elle rencontre des molécules aptes à subir des
affinités de décomposition qui changent leurs propriétés, elle
occasionne alors dans l'essence et dans les proportions des
substances auxquelles la sève sert de véhicule, des modifications qui troublent les fonctions vitales de quelques végétaux.
Ces explications ne reposent pas sur de vaines théories. On
connaît depuis longtemps les expériences qui prouvent, que
sous l'influence d'un courant électrique, les sels se dé-
composent à travers une membrane ordinairement imper-
méable, de façon que les produits acides se portent d'un
côté et les produits alcalins de l'autre. M. Becquerel en
employant le même agent, a reconnu que l'hydrogène, à
l'état naissant, mis en contact avec l'azote, forme de
l'ammoniaque. Ces faits et nombre d'autres que je pourrais
facilement citer à l'appui de mon opinion, empêcheront-
ils de la qualifier d'hypothèse ? non, certainement non ; il
est des esprits, et je suis loin de les blâmer, qui don-
nent cette qualification à tout ce qui n'est pas rigoureu-
sement démontré, à ceux-là, je dirai que ce n'est qu'à
des hypothèses successivement faites et corrigées, que nous
sommes redevables des belles et sublimes connaissances
dont l'astronomie et les sciences qui en dépendent sont
à présent remplies. Au reste, dans toutes les recherches,
il faut un commencement, et ce commencement est souvent une tentative imparfaite. Il y a des vérités inconnues,
comme des pays, dont on ne peut trouver la bonne route
qu'après avoir essayé toutes les autres ; ainsi, il faut que
quelques-uns courent risque de s'égarer pour montrer le
bon chemin. Cependant, quand un système est comme
celui que je présente, appuyé par des expériences ; lorsque
toutes les conséquences qu'on en tire s'accordent avec les

observations ; lorsque la cause indiquée explique d'une manière naturelle, satisfaisante, tous les phénomènes observés, oh ! alors, les probabilités croissent à un tel point, qu'elles équivalent à une démonstration.